实景 LIVING ROOM 客厅 图集 之

REAL IMAGES OF

现代简约风格

理想·宅 编

化学工业出版社

·北京·

简洁和实用是现代简约风格的基本特点。简约风格已经大行其道几年了，却仍然保持很猛的势头，这是因为人们装修时总希望在经济、实用、舒适的同时，体现一定的文化品位。而简约风格不仅注重居室的实用性，而且还体现出了工业化社会生活的精致与个性，符合现代人的生活品位。

本书汇集了现代风格与简约风格的设计案例，从客厅各个角度的材料搭配来充分展现现代风格与简约风格的特点。书中案例均出自资深室内设计师之手，设计新颖，选材精美，对广大装修业主有很高的参考价值。

图书在版编目(CIP)数据

实景客厅图集之现代简约风格 / 理想·宅编. —北京 ：
化学工业出版社，2014.1
ISBN 978-7-122-19287-5

Ⅰ．①实… Ⅱ．①理… Ⅲ．①客厅—室内装修—建筑设计—
图集 Ⅳ．①TU767-64

中国版本图书馆CIP数据核字(2013)第299508号

责任编辑：王斌　林俐　　　　　　　　　　　装帧设计：骁毅文化

出版发行：化学工业出版社(北京市东城区青年湖南街13号　邮政编码100011)
印　　装：北京瑞禾彩色印刷有限公司
880mm×1092mm　1/16　印张10　字数200千字　2014年2月北京第1版第1次印刷

购书咨询：010-64518888（传真：010-64519686）　　售后服务：010-64518899
网　　址：http://www.cip.com.cn
凡购买本书，如有缺损质量问题，本社销售中心负责调换。

定　　价：49.00元　　　　　　　　　　　　　　版权所有　违者必究

前言

FOREWORD

中国道家创始人老子有句名言："天下大事必作于细，天下难事必作于易"。意思是做大事必须从小事开始，天下的难事必定从容易的作起。现如今，家居装修已然成为每个家庭中的"大事件"，可是往往由于一些小的瑕疵就破坏了整体的家居装修。"泰山不拒细壤，故能成其高；江海不择细流，故能就其深。"所以，大礼不辞小让，细节决定成败。可以毫不夸张地说，现在的家居装修已经到细节制胜的时代，人们对家居装修中的细节问题越发关注。细节的装修不仅能彰显业主的品味，也可以使家居生活更舒适、更便捷。

本套丛书由理想·宅（Ideal Home）倾力打造，按照目前人们最为关注的装饰风格类型分为《实景客厅图集之欧式风格》、《实景客厅图集之现代简约风格》、《实景客厅图集之中式风格》三册。每册图书集结了近两年最为流行的实景客厅案例，并配以实用的材料标注，这样可以使读者分辨出同一种材料在不同风格客厅中所展现出的不同"魅力"，也能令读者快速地选取适合自己所需要的设计风格的材料搭配。

为本书提供图片的设计师有：老鬼、蒋伟、刘耀成、熊龙灯、陆涛、陈文斌、祝滔、陆凌凌、胡克磊、由伟壮、宋建文、王刚、王五平、古文敏、洪德成、李益中、连曼君、苏俊、黄新华、林志宁、李斌、李东泽、刘传志、刘明纬、梁苏杭、蒋宏华、毛磊、欧慧、王敬咚、巫小伟、吴献文、徐玉磊、艾木、李峰、衡颂恒、徐鹏程、张有东等。

参与本书编写的人员有：张蕾、杨柳、黄肖、刘杰、梁越、邓毅丰、李小丽、于兆山、蔡志宏、刘彦萍、张志贵、李子奇、李四磊、肖冠军、孙银青。

CONTENTS

PART 1 现代风格

　　现代风格的客厅设计是比较流行的一种设计风格，其特点在于追求时尚与潮流，非常注重居室空间的布局与使用功能的完美结合。现代风格在材料上首选铁制构件、铝塑板或合金材料；在设计上注重室内外、整个房间的沟通与搭配；在颜色上，多用白色、灰色作为主基调色，并搭配其他颜色的家具，表现个性及张力。

石膏板造型　　　　　　　　　　　　　　　　　　　　　印花玻璃

木制搁板　　　　　　木制装饰面板

石膏板造型

软包　　　　　印花玻璃

装饰面板

玻纤壁纸　　　　簇绒地毯　　　　　　　PVC壁纸　　　　　　　木线条造型

马赛克装饰　　　　纸面壁纸

软包　　　　　　玻纤壁纸　　　　　　PVC壁纸　　　　装饰面板　　　　石膏板造型

石膏板造型　　　　　玻纤壁纸

纸面壁纸+装饰搁板

软木地板　　　　　墙面装饰柜

墙面收纳柜　　　　装饰搁板

玻化地砖　　　　墙面装饰柜

PVC壁纸　　　　　白色乳胶漆墙面

褐色乳胶漆　　　　　PVC壁纸

石膏板造型　　　　　釉面砖

烤漆玻璃　　　　　无纺布壁纸

石膏板造型　　　软木地板

玻化地砖　　　　　细木工板造型

细木工板造型　　　　装饰玻璃

木地板与釉面砖拼接　　　钢化玻璃　　　　纸质壁纸

装饰画　　　　　　　　　　　木制展示架

黄色乳胶漆+石膏板造型　　人造大理石装饰

装饰板材　　大理石　　　　大理石装饰　　　　烤漆玻璃

装饰板材　　　　　石膏板造型

水蓝色乳胶漆　　　　　石膏板造型

纹理壁纸　　　　　米黄色乳胶漆墙面

装饰石材　　　　　木线条装饰

实木地板　　　　　石膏板造型

烤漆玻璃　　　　木质板材

马赛克　　　　实木板材

木质隔板　　　　展示柜

装饰石材　　　　纹理壁纸

PVC壁纸　　　　实木板材

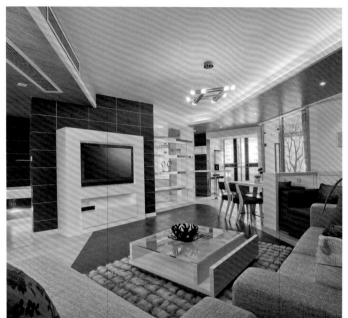

装饰石材　　　　　　　装饰板材

石膏板造型

马赛克　　　　　薄墨色乳胶漆

石膏板造型　　　　　　软包

装饰板材　　　　　　装饰画

石膏板造型　　　　酒红色乳胶漆

大理石装饰　　　　马赛克装饰

大理石装饰　　　　烤漆玻璃

石膏板造型　　　　大理石装饰

大理石造型

大理石造型　　　　　　装饰板材

玻纤壁纸

石膏板造型+红色乳胶漆

PVC壁纸　　　　　　白色乳胶漆墙面

硬包　　　墨镜造型

纸质壁纸　　　印花玻璃

茶色镜玻璃　　　乳胶漆+墙贴

石膏板造型+镜面　　　软包　　　石膏板造型隔墙

烤漆造型

强化复合地板　　　纸面壁纸

纸面壁纸　　　　　装饰壁纸

PVC壁纸　　　　水银镜

纸面壁纸　　　　印花玻璃

玻纤壁纸+装饰板材　　　石膏板造型

石膏板造型　　　　　　　水银镜面

装饰板材　　　混纺地毯

装饰画　　　木线条造型

石膏线造型　　　　　　　　　天然材料壁纸

马赛克装饰　　　　　　　　　照片墙

石膏板造型　　　装饰壁画　　　强化复合地板

石膏板造型+烤漆玻璃　　　　装饰画

装饰屏风　　　　　石膏板造型

石膏板造型　　　　木制搁板　　　　装饰画

实木复合地板　　　　　　石膏板造型

装饰画　　　　　磨砂玻璃隔断

装饰画　　　　　木制垭口　　　　人造石材地面

实木地板　　　　　　　实木板材

纸面壁纸　　　　抛光砖

珠帘+木架隔墙　　　装饰画

PVC壁纸　　　　装饰板材

黑色乳胶漆　　　纯毛地毯

玻化地砖　　　　　　　　　装饰画+纸面壁纸

涤纶地毯　　　　　玻纤壁纸

石膏板造型

装饰画　　　　条纹壁纸

软木地板　　混纺地毯

纸面壁纸　　　木质装饰

纯毛地毯　　装饰画　　　乳白色乳胶漆

石膏板造型　　　绿色乳胶漆

米白色乳胶漆 　镜面玻璃 　金属搁架 　通体砖

烤漆镜面 　软包

石膏板造型 　装饰画

黄色乳胶漆 　装饰面板

装饰画

软包 纺织壁纸

拼花化纤地毯 白色乳胶漆墙面

人造大理石地面 装饰板材

条纹壁纸

装饰板材 玻璃镜面

条纹壁纸　　　　　烤漆镜面

石膏板造型　　　　磨砂玻璃

纯毛地毯

细木工板造型　　抛光砖　　钢化玻璃隔断墙

玻璃镜面　　　　　纸质壁纸

装饰板材　　烤漆玻璃

装饰画+流苏纱幕　　　　　石膏板造型

装饰搁架　　　　　紫色乳胶漆

白色乳胶漆墙面　　　　　PVC壁纸

玻纤壁纸　　　　　镜面玻璃

玻纤壁纸　　　　　装饰板材

装饰板材　　　　软包

装饰板材　　　　强化复合地板

白色乳胶漆　　　　剑麻地毯

软包　　　　石膏板造型

装饰板材　　　　装饰玻璃

簇绒地毯　　　　　　大理石造型

石膏板造型　　　　　纹理壁纸

烤漆玻璃　　　　　　软包

釉面砖　　　　通体砖

石膏板造型

羊毛拼花地毯   软包

釉面墙砖   装饰搁架

实木地板   装饰板材

烤漆玻璃   软包

簇绒地毯   通体砖   软包

混纺地毯　　烤漆玻璃　　石膏板造型

烤漆玻璃　　软包　　化纤地毯

流苏纱幕+装饰玻璃

装饰画　　流苏隔墙

珠帘隔墙　　装饰搁架

天然石材贴面　　烤漆玻璃　　金属装饰搁架

烤漆玻璃+石膏板造型　　通体砖

纺织壁纸　　墨镜造型

装饰镜面　　通体砖

纯毛地毯　　镜面玻璃　　软包

烤漆玻璃　　木制格栅

黄色乳胶漆　　　　装饰板材

装饰隔板　　　天蓝色乳胶漆

装饰板材　　　　褐色乳胶漆

石膏板造型　　　　装饰板材

水蓝色乳胶漆　　　装饰搁板　　　化纤地毯

装饰板材　　　　　　文化石

软包

PVC壁纸　　　　　　装饰画

装饰搁架　　　　　　乳胶漆墙面

纯毛地毯　　　　　　装饰石材

PVC壁纸　　　　　　墙面收纳柜

装饰画　　　　　白色乳胶漆墙面

天蓝色乳胶漆　　浅棕色涤纶地毯

纸面壁纸　　　　　簇绒地毯

木制隔断　　水银镜

黑色乳胶漆　　　　装饰画

石膏板造型　　　　装饰搁板

浅绿色乳胶漆　　　　木制展示格

彩拼地毯　　　　纯毛地毯

实木吊顶　　　　人造石材地面

白色乳胶漆墙面　　　　仿古地砖

纸面壁纸　　　　　　烤漆玻璃

石膏板造型　　　玻璃镜面

簇绒地毯　　　　　软包　　　　PVC壁纸　　　　装饰面板

文化石　　　　　　石膏板造型

红砖墙面

文化石　　　　　　实木地板

灰紫色乳胶漆　　　　通体墙砖

文化石　　　　　　　　　　　实木地板

镜面玻璃　　装饰搁板　　装饰板材

石膏板造型　　　　　文化石

文化石　　　　装饰画

玻化地砖　　　　　仿古墙砖

马赛克墙砖

装饰搁架　　　苹果绿色乳胶漆

玻璃镜面　　　　灰紫色乳胶漆

暖黄色乳胶漆　　　　装饰画

玻纤壁纸　　　大理石装饰

装饰画　　　纯毛地毯　　白色乳胶漆墙面

烤漆玻璃　　　　　　石膏板造型

大理石壁画　　实木地板　　白色乳胶漆墙面

石膏板造型　　　　　　实木地板

天然材料壁纸　　　　　纯毛地毯

石膏板造型

大理石墙面　　　　　　PVC壁纸

纸面壁纸　　烤漆玻璃　　　　　　　　　纸面壁纸

绢色乳胶漆　　液体壁纸　　烤漆玻璃

镜面玻璃　　　木制窗花　　　纹理壁纸

镜面玻璃　　　纯毛地毯

纸面壁纸　　装饰画

抛光砖　　　　　纸面壁纸

实木地板　　　　玻纤壁纸

纸面壁纸　　木质雕花　　镜面玻璃

纸面壁纸　　装饰画

装饰画　　　　　　石膏板造型

天然材料壁纸　　　　　羊毛拼花地毯

白色乳胶漆墙面　　　　簇绒地毯

拼花地毯　　　　　　淡粉色装饰壁纸

纸面壁纸　　　　淡粉色乳胶漆

黄褐色乳胶漆　　装饰画　　　　实木地板

白色乳胶漆墙面　　　混纺地毯

天然材料壁纸　　　　装饰画

条纹壁纸　　　　嫩绿色乳胶漆

木线造型

装饰画 ——— 草绿色乳胶漆

装饰画 ——— 液体壁纸

装饰搁板 ——— 石膏板造型

PVC壁纸

石膏板造型　　　薄墨色乳胶漆

白色乳胶漆墙面　　　陶艺装饰

玻纤壁纸

纸面壁纸

PVC壁纸   抛光砖

玻纤壁纸   烤漆玻璃   纸面壁纸

暗纹壁纸   墨镜造型

桃色乳胶漆   纯毛地毯

装饰板材   纺织壁纸

纸面壁纸

装饰画 —— 白色乳胶漆墙面

装饰画 —— 烤漆玻璃 —— 装饰搁板

纺织壁纸 —— 镜面装饰

珠帘隔墙 —— PVC壁纸

装饰板材　　　米色乳胶漆墙面

木质雕花

文化石　　　　装饰板材

文化石　　　　装饰画

烤漆玻璃　　　抛光砖

装饰画　　　　　　　深灰色乳胶漆

实木地板　　　　　　装饰画

照片墙　　　簇绒地毯　　　　白色乳胶漆

PVC壁纸　　　　　　玻璃隔墙

装饰画　　　　　　黄色乳胶漆

装饰画　　　　　　　条纹壁纸

装饰板材　　　　　　　　　　　　　　　　　　　装饰画

装饰板材

PVC壁纸　　　　实木地板　　　　　　　装饰板材　　　强化复合地板　　　文化石

纹理壁纸　　　　装饰板材

装饰画　　　　金盏花色乳胶漆

玻化砖　　黄色乳胶漆墙面

蓝色乳胶漆　　　强化复合地板

纸面壁纸　　　　　　　　　大理石

象牙色乳胶漆

PVC壁纸　　　　　　　　　装饰板材

实木地板　　　　　　　仿古装饰壁纸

纺织壁纸　　　　　装饰画　　　　　　墙面装饰　　　　　深灰色乳胶漆

文化石　　　　实木地板与仿古地砖拼接

纯毛地毯　　　　强化复合地板

铁艺装饰　　　　人造板材

纸质壁纸　　　　石膏板造型　　烤漆玻璃

装饰板材　　　　釉面砖

装饰石材　　　　木制搁板　　　　　　簇绒地毯

白色乳胶漆墙面

大理石装饰　　　　马赛克

宝石蓝色乳胶漆　　　　　　　　　　　　烤漆玻璃

混纺地毯　　　展示柜

白色乳胶漆墙面　　　实木地板　　　　　实木地板　　　　　装饰画

装饰板材　　　装饰画　　　木制雕花隔断

白色乳胶漆墙面　　　装饰板材

装饰画　　　　　　　装饰板材

装饰板材　　　玻璃镜面

天然材料壁纸　　　大理石造型+钢化玻璃

装饰画　　石膏板造型　　天然材料壁纸

红色乳胶漆

装饰板材

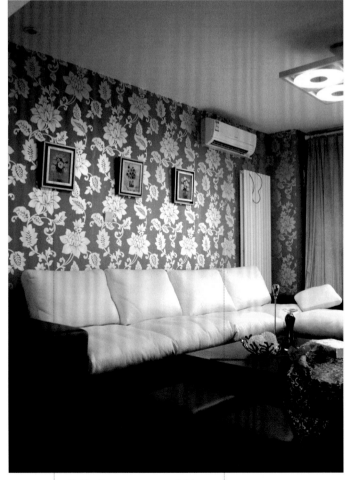

装饰画　　PVC壁纸

装饰画　　白色乳胶漆墙面

镜面玻璃

簇绒地毯　　　　装饰画

石膏板造型　　　装饰画

装饰画　　　　木制饰面板

纱帘隔断　　　实木地板　　　装饰板材

装饰画　　　　石膏板造型

软包　　　　　　装饰画　　　　　　纯毛地毯

米白色乳胶漆墙面　　　　　黑色簇绒地毯

象牙色乳胶漆

装饰板材　　　　　　人造板材吊顶

木制格栅+钢化玻璃+墙贴镜面　　　　烤漆镜面　　　　象牙色乳胶漆　　　　条纹壁纸

纸面壁纸　　　白色乳胶漆墙面

装饰板材　　　人造板材吊顶

木板条造型　　　装饰搁板

装饰画　　　装饰板材

纯毛地毯　　　软包

纯毛地毯　　　纺织壁纸

装饰画　　　软包

展示柜造型　　　装饰板材

树脂玻璃　　　软包　　　石膏板造型

木板条造型　　　装饰石材

烤漆玻璃　　　　　　木板条造型

大理石　　　　　　烤漆玻璃

化纤地毯　　　　装饰画　　　　纸面壁纸

石膏板造型+烤漆玻璃　　　　装饰画

装饰搁板　　　　　　纸面壁纸

白色乳胶漆墙面　　　　装饰画

PVC壁纸 .... 装饰画

纺织壁纸 .... 装饰画

白色乳胶漆墙面 .... 装饰画

石膏板造型 .... 装饰玻璃

纯毛地毯 .... 纸面壁纸 .... 实木地板

木条装饰 —— 纹理壁纸

装饰画 —— 米色乳胶漆墙面

水银镜 —— 纸面壁纸

仿古砖 —— 石膏板造型 —— 装饰画

石膏板造型

照片墙 —— 纸质壁纸

装饰画 　　　　PVC壁纸 　　　　　　　　　　抛光砖

装饰画 　　　　纹理壁纸

石膏板造型 　　　　浅绿色乳胶漆

石膏板造型

装饰画 　　　　装饰面板

装饰画 —— —— 装饰面板

石膏板造型 —— 纺织壁纸 —— 烤漆玻璃

石膏板造型 —— 装饰画

化纤地毯 —— 装饰画

混纺地毯 —— 米色乳胶漆墙面

木板条吊顶　　　　白色乳胶漆墙面　　　　　　　玻化砖

装饰画　　　　装饰板材

石膏板造型　　　强化复合地板　　　　照片墙　　　　剑麻地毯

石膏板造型 　　　　　 装饰板材

装饰画 　　　　　 装饰板材

装饰画 　　　　　 白色乳胶漆墙面

白色乳胶漆墙面 　　　　　 装饰画

装饰画 　　　　　 装饰面板

装饰画 　　咖啡色乳胶漆

烤漆玻璃　　　　纹理壁纸

烤漆玻璃　　　　镜面玻璃　　　　展示格

装饰板材　　　　白色乳胶漆墙面

烤漆玻璃　　　　石膏板造型+黑色乳胶漆

玻璃隔墙　　　　装饰面板

白色乳胶漆墙面　　　　展示格

装饰画 ── 白色乳胶漆墙面

石膏板造型 ── 装饰画

实木地板 ── 咖啡色乳胶漆

纯毛地毯 米黄色乳胶漆 大理石地面

纸面壁纸 ── 石膏板造型

装饰面板

玻纤壁纸　　　　　　　　　　　　　　　　　　通体砖

石膏板造型

装饰画　　　　　　　　　　　PVC壁纸

石膏板造型　　　　烤漆玻璃

白色乳胶漆墙面　　　　　　　装饰画

橘黄色乳胶漆　　　　　烤漆玻璃　　　　装饰面板　　　　　　　　　　　　　　　装饰板材　　　混纺地毯

人造板材+石膏板造型　　　　　　　　　　　装饰板材　　　　　木条装饰　　　　装饰板材

条纹壁纸　　　　　　装饰板材　　　　　照片墙　　　木板条装饰

纹理壁纸　　　　　　　　　　　　　装饰板材　　　照片墙

烤漆玻璃　　　装饰面板　　　　深灰色乳胶漆

装饰画　浅灰色乳胶漆墙面　　　　强化复合地板　　　展示格

装饰画　　　　木质板材装饰　　　　软包

石膏板造型

软包　　　　　　　屏风装饰

软包　　　　　　装饰画

珠帘隔断　　　装饰画　　　玻纤壁纸

装饰画+纸面壁纸　　　　纺织壁纸

纸面壁纸　　　　大理石装饰

装饰画　　　　纸面壁纸

纸面壁纸　　　　装饰面板

白色乳胶漆墙面　　　　抛光砖

PVC壁纸　　　　　　　装饰画

纹理壁纸　　　　　　　剑麻地毯

PVC壁纸　　　　　　　实木复合地板

金属搁架　　　装饰画　　　纹理壁纸

水银镜面　　　纹理壁纸　　　纸面壁纸

装饰画

实木地板　　　石膏板造型

石膏板造型　　　软木地板　　　装饰石材

浅黄色乳胶漆　　　装饰石材

装饰纱幕+玻璃镜面　　　装饰板材

木制格栅隔断　　　装饰画　装饰玻璃砖　　　装饰面板　　　装饰画　　　纹理壁纸

装饰画　　　　装饰板材

石膏板造型　　　　化纤地毯

木制窗花　　　　大理石装饰

装饰板材　　　　石膏板雕刻造型

象牙色乳胶漆　　　　照片墙

竹木地板　　　　大花纸面壁纸

强化复合地板　　装饰画

强化复合地板

装饰板材　　珊瑚粉色乳胶漆　　　　装饰板材　　　展示格

PART 2 简约风格

　　简约不等于简单，它是经过深思熟虑后经过创新得出的设计和思路的延展，不是简单的"堆砌"和平淡的"摆放"。简洁和实用是简约风格的基本特点。

　　简约风格的客厅设计重视功能和空间组织、结构的形式美，其造型简洁，尊重材料本身的性能、质地及色彩搭配效果。简约风格多以规则几何、线条为主要元素，突出功能美。较多采用黑、白、灰等中间色为基调色，也可适当搭配其他色系，起到丰富视觉的功效，亦能活跃室内气氛，让生活更加轻松、和谐。

装饰画 ——————— 玻纤壁纸 ———————

装饰画 ——————— 装饰板材 ———————

咖啡色乳胶漆 ——————— 装饰画 ———————

玻化砖 ——————— 镜面玻璃 ———————

强化复合地板 ——————— 化纤地毯 ———————

白色乳胶漆墙面　　　　实木地板

装饰画　　　　天然材料壁纸

白色乳胶漆墙面　　　　实木地板

石膏板造型　　　　天然材料壁纸

纸面壁纸　　实木地板

液体壁纸　　　　　　　　　　木制搁架

混纺地毯　　　　　　　　白色乳胶漆墙面

纸面壁纸　　　　　　　　石膏板造型

涤纶地毯　　　　　　　　液体壁纸

石膏板造型　　　　　　　实木地板

装饰画　　　　　玻纤壁纸

纸面壁纸　　　　　纯毛地毯

装饰画　　　　　纸面壁纸

纸面壁纸　　　　　石膏板造型+烤漆玻璃

PVC壁纸　　　　装饰画　　　　混纺地毯

装饰画　　　　　天然材料壁纸

玻纤壁纸

玻纤壁纸　　装饰板材

仿墙砖壁纸　　白色乳胶漆墙面

PVC壁纸　　树脂玻璃　　石膏板造型

镜面玻璃

花卉墙贴 ⸺ 白色乳胶漆墙面

白色乳胶漆墙面 ⸺ 实木展示柜

实木复合地板 装饰画

实木地板 白色乳胶漆墙面

花卉墙贴 ⸺ 白色乳胶漆墙面

装饰画 纸面壁纸

玻璃镜面   装饰石材

装饰画   黄色乳胶漆

白色乳胶漆墙面   装饰画

米色乳胶漆墙面   装饰画

装饰板材   仿古地砖   钢化玻璃装饰

PVC壁纸　　　　　　石膏板造型

金属马赛克　　照片墙　　液体壁纸

装饰画　　　　　　土黄色乳胶漆

装饰画　　　　　　纹理壁纸

化纤地毯　　　　　白色乳胶漆墙面

簇绒地毯　　　　纸面壁纸

石膏板造型　　　　玻化砖

黑色乳胶漆　　　　人造石材地面

强化复合地板　　　　烤漆玻璃

天然材料壁纸

白色乳胶漆墙面　　　　木板条装饰

白色乳胶漆墙面 　　 装饰墙贴

PVC壁纸 　　 镜面装饰

纱帘隔断 　　 纸面壁纸 　　 装饰画

白色乳胶漆墙面 　　 树干造型墙贴

装饰字画 　　 白色乳胶漆墙面

石膏板造型 　　 纯毛地毯

液体壁纸 —— 烤漆玻璃 —— 金属线　　　　镜面装饰 —— 人造石材地面

镜面装饰 —— 装饰面板　　　　混纺地毯 —— 玻化地砖

纸面壁纸 —— 石膏板造型 —— 镜面装饰　　　　镜面装饰 —— 浅紫色乳胶漆 —— 簇绒地毯

纸面壁纸　　　　石膏板隔墙

浅灰色乳胶漆墙面　　　　实木地板

装饰画　　　　镜面装饰

白色乳胶漆墙面

石膏板造型　　　　镜面装饰

玻化地砖　　　　白色乳胶漆墙面

玻璃镜面　　　　白色乳胶漆墙面

白色乳胶漆墙面　　　　深灰色乳胶漆

印花玻璃　　　　混纺地毯

玻化地砖　　　　软包

软包　　　　木制搁板

纯毛地毯   装饰板材

磨砂玻璃

装饰壁纸   装饰板材

石膏板造型   装饰板材   木条隔墙

装饰板材

装饰板材

大理石地面　　　　　　　　　　装饰板材

石膏板造型　　　　　　　化纤壁纸

文化石

米色乳胶漆墙面

强化复合地板　　　白色乳胶漆墙面

白色乳胶漆墙面　　　竹木地板

木质装饰　　　白色乳胶漆墙面

白色乳胶漆墙面　　　混纺地毯　　　强化复合地板

白色乳胶漆墙面　　　实木地板

象牙色乳胶漆　　　装饰搁板

木质装饰 —— —— 墨绿色乳胶漆

玻璃镜面 —— 木板条造型

装饰画 —— 簇绒地毯

装饰板材

装饰板材 —— 装饰画

PVC壁纸 —— 装饰画

装饰画 ———— ———— PVC壁纸

———— 土黄色乳胶漆

纯毛地毯 ———— 装饰画 ———— 灰色乳胶漆

———— 白色乳胶漆墙面

装饰板材造型 ————

———— 拼色地毯

石膏板造型　　　　　　　　　仿古地砖

玻化地砖　　　　　　　　　石膏板造型

浅灰色乳胶漆墙面　　　　强化复合地板

木制隔墙

白色乳胶漆墙面

剑麻地毯　　　　　　　　石膏板造型

白色乳胶漆墙面

装饰搁架 装饰板材 玻化砖

白色乳胶漆墙面 簇绒地毯

装饰搁架 实木地板 象牙色乳胶漆

黄色乳胶漆 通体砖

白色乳胶漆墙面

装饰格　　　　　石膏板造型

装饰板材

PVC壁纸　　　　装饰画　　　　　　PVC壁纸　　　　强化复合地板

装饰画 —— 木板条造型

镜面玻璃 —— 木板条造型

装饰画 —— 石膏板造型

白色乳胶漆墙面

纸面壁纸

装饰板材 —— 实木地板

浅灰色乳胶漆　　　　　　装饰画

黑色乳胶漆　　仿古地砖　　装饰画

象牙色乳胶漆　　　　　　强化复合地板

象牙色乳胶漆

铁艺装饰　　　　　　装饰搁板

文化石   条纹壁纸

文化石   石膏板造型+钢化玻璃   化纤地毯

灰色乳胶漆   玻璃装饰搁板

文化石墙面   木制装饰格

天蓝色乳胶漆

装饰画   装饰玻璃镜面

象牙色乳胶漆

白色乳胶漆墙面

白色乳胶漆墙面 ⸺⸺ 纹理壁纸

米白色乳胶漆墙面

白色乳胶漆墙面 ⸺⸺ 铁艺装饰

浅灰色乳胶漆墙面

淡黄色乳胶漆 ——— 装饰画 ——— 化纤地毯

浅灰色乳胶漆墙面 ——— 装饰画

浅灰色乳胶漆 ——— 纯毛地毯

米色乳胶漆墙面 ——— 玻化砖

白色乳胶漆墙面 ——— 实木地板

白色乳胶漆墙面 ——— 装饰画

装饰玻璃隔墙　　　　簇绒地毯　　　　装饰画

纸面壁纸　　　　木制搁板

装饰画　　　　液体壁纸

白色乳胶漆墙面　　　　强化复合地板

白色乳胶漆墙面　　　　装饰画

白色乳胶漆墙面　　　　装饰画

装饰搁板　　　　　装饰画

石膏板造型　米黄色乳胶漆　　　化纤地毯

软包　　　　装饰玻璃

装饰画　　　　软包

白色乳胶漆墙面　　装饰板材

白色乳胶漆墙面　　　　　　　混纺地毯

石膏板造型　　　　马赛克

装饰画　　　　　铁艺隔墙　　　　　装饰画　烤漆玻璃　白色乳胶漆墙面

大理石边框 —— —— PVC壁纸

纺织壁纸 —— 抛光砖 纸面壁纸 —— 玻璃镜面

石膏板造型 —— 白色乳胶漆墙面 玻璃镜面 烤漆玻璃 —— PVC壁纸

玫粉色乳胶漆　　　　　　　　装饰画

黄色乳胶漆墙面　　　　　　　装饰画

装饰画　　　　　　　真石漆

展示格　　　　　　　米白色乳胶漆墙面

白色乳胶漆墙面　　　　　　　石膏板造型

白色乳胶漆墙面　　　　　强化复合地板

白色乳胶漆墙面　　　　　化纤地毯

浅绿色乳胶漆

混纺地毯　　　　白色乳胶漆墙面

白色乳胶漆墙面　　　实木地板

仿古装饰壁纸　　　装饰画

装饰搁板　　　强化复合地板

白色乳胶漆墙面　　　石膏板造型

纹理壁纸　　　石膏板造型

白色乳胶漆墙面　　　　人造石材地面

混纺地毯　　　　浅灰色乳胶漆墙面

白色乳胶漆墙面　　　　文化石

白色乳胶漆墙面　　　剑麻地毯　　　装饰画　　　　　白色乳胶漆墙面　　　装饰画

象牙色乳胶漆　　　　簇绒地毯

纸面壁纸　　装饰画　　　装饰画　　　纯毛地毯

黄色乳胶漆　　　　　　装饰画

白色乳胶漆墙面　　　　装饰画

红色乳胶漆　　　　装饰画　　　　铁艺装饰

褐色乳胶漆墙面　　　　装饰板材

黄色乳胶漆墙面　　　　收纳柜

白色乳胶漆墙面　　　　　　　玻璃镜面

白色乳胶漆墙面

白色乳胶漆墙面　　　　　装饰画

纸面壁纸　　　　　玻璃镜面

白色乳胶漆墙面　　　　装饰画

纸面壁纸　　　　　　装饰画

纱幕隔墙　　　装饰画　　　　　PVC壁纸

装饰搁架　　　　　浅灰色乳胶漆

装饰画　　　　装饰面板

装饰画 ⌐ ⌐ 米色乳胶漆墙面

装饰搁板 ⌐ 咖啡色乳胶漆

石膏板造型+红色乳胶漆+蓝色乳胶漆

白色乳胶漆墙面

实木地板 ⌐ 暖红色乳胶漆

石膏板造型 ⌐ 文化石

石膏板造型　　浅黄色乳胶漆墙面

混纺地毯　　白色乳胶漆墙面

装饰画　　白色乳胶漆墙面

纸面壁纸　　装饰画

白色乳胶漆墙面　　装饰画

装饰搁板　　灰色乳胶漆

暗纹壁纸

浅黄色乳胶漆墙面　　　　装饰画

白色乳胶漆墙面　　　　簇绒地毯

实木地板　　白色乳胶漆墙面　　　　装饰画　　　　　　暗纹壁纸

白色乳胶漆墙面

黄褐色乳胶漆　　装饰画　　亚麻地毯

白色乳胶漆墙面　　彩色木板条造型

石膏板造型　　装饰画

装饰画　　石膏板造型　　纸面壁纸

装饰板材   水银镜面

装饰面板   烤漆玻璃   文化石

装饰板材   通体砖

白色乳胶漆墙面   木制装饰格

白色乳胶漆墙面

装饰板材

浅紫色乳胶漆墙面　　木条造型

装饰板材　　镜面玻璃

木条隔墙　　木条造型

装饰镜面　　　　　水蓝色乳胶漆

白色乳胶漆墙面

白色乳胶漆墙面　　　　装饰搁板

白色乳胶漆墙面　　　　纯毛地毯

装饰板材　　　　实木地板

白色乳胶漆墙面　　　　纸面壁纸

石膏板造型　　　　　　化纤地毯

蓝色乳胶漆　　　装饰搁板　　　乳黄色乳胶漆

玫粉色乳胶漆　　　　　　　装饰搁板

大理石造型　　　　　　装饰板材

白色乳胶漆墙面　　板材造型

装饰搁板　　　　　暗黄色乳胶漆

石膏板造型+玻璃镜面   混纺地毯

浅绿色乳胶漆   板材造型

橙色乳胶漆   装饰画

浅绿色乳胶漆   石膏板造型

装饰面板   烤漆玻璃   灰色乳胶漆

化纤地毯   人造板材吊顶

米色乳胶漆墙面   混纺地毯

深咖色乳胶漆   装饰搁板

嫩绿色乳胶漆　　　　装饰搁板

深蓝色乳胶漆　　　　水银镜面

装饰画　　　　石膏板造型

天蓝色乳胶漆　　　　　　　　纸面壁纸

白色乳胶漆墙面

米色乳胶漆墙面　　　蓝色涤纶地毯

装饰画　　　百叶窗造型

白色乳胶漆墙面

黄色乳胶漆墙面　　　屏风装饰

装饰板材造型　　　　　　石膏板造型

白色乳胶漆墙面　　　抛光砖

装饰板材

烤漆玻璃　　　　　　装饰板材

米色乳胶漆墙面　　　装饰画

黄绿色乳胶漆　　　　　装饰画

石膏板造型+紫色乳胶漆

石膏板造型　　　　　纸面壁纸

实木地板　　　　　实木板材

软包　　　　　实木地板

浅绿色乳胶漆　　　　装饰画

纺织壁纸　　　　石膏板造型

化纤地毯　　　　白色乳胶漆墙面

石材隔墙　　　　装饰画

黄色乳胶漆墙面

白色乳胶漆墙面　　　石膏板造型

蓝色乳胶漆

百叶窗造型　　　纯毛地毯　　　装饰画

条纹壁纸　　　　　　　　抛光砖

白色乳胶漆墙面

橙红色乳胶漆　　　装饰画

装饰面板　　　PVC壁纸

抛光砖　　　土黄色乳胶漆

化纤地毯　　　装饰板材

装饰板材　装饰画　　　　　　　　　　　　　　水银镜面

黑色乳胶漆　石膏线造型

装饰板材

装饰画　　　　黑色乳胶漆

印花屏风装饰　　　　黄色乳胶漆

装饰画　　　　　　　　展示格

装饰画　　　　褐色乳胶漆

展示格　　　　　　　PVC壁纸

装饰板材　　　簇绒地毯　　　纸面壁纸

簇绒地毯　　　深绿色乳胶漆

强化复合地板　　　白色乳胶漆墙面

白色乳胶漆墙面　　　装饰镜面

石膏板造型　　　装饰板材

白色乳胶漆墙面

米白色簇绒地毯　　　PVC壁纸

纯毛地毯　　　纸面壁纸

白色乳胶漆墙面 —— —— 装饰画

—— 玻纤壁纸 —— 装饰搁板

装饰搁板 —— —— 文化石

—— 水银镜面 —— PVC壁纸

装饰搁板 —— —— 装饰板材

—— 人造板材

装饰壁纸

纸面壁纸   混纺地毯

白色乳胶漆墙面   装饰画

纸面壁纸

纸面壁纸   镜面造型   石膏板造型

装饰画   玻纤壁纸

装饰画　　白色乳胶漆墙面

墙面收纳柜　　白色乳胶漆墙面

米白色乳胶漆墙面　　玻璃装饰搁板

强化复合地板　　　　白色乳胶漆墙面

装饰面板

贴花玻璃　　化纤地毯　　装饰画

铁艺装饰　　　浅蓝色乳胶漆

乳胶漆墙面

白色乳胶漆墙面　　仿古地砖

实木地板　　　文化石

灰色乳胶漆 —— 化纤地毯

石膏板造型 —— 橘黄色乳胶漆

装饰画 —— 白色乳胶漆墙面

玻化砖 —— 印花玻璃 白色乳胶漆墙面

白色乳胶漆墙面 —— 磨砂玻璃

暗纹壁纸 —— 收纳格

文化石

抛光砖

纸面壁纸

装饰板材

实木地板

装饰面板

彩条纯毛地毯

浅灰色乳胶漆 —— 装饰搁板

玻纤壁纸 —— 装饰画 —— 装饰板材

白色乳胶漆墙面

白色乳胶漆墙面 —— 展示搁板

装饰面板 —— 石灰色乳胶漆

软包 —— 仿古地砖

装饰板材 —————— 烤漆玻璃

装饰板材 —————— 烤漆玻璃

印花玻璃 —————— 装饰板材

石膏板造型 —————— 装饰面板

釉面砖 —————— 装饰面板

金属印花壁纸　　　装饰面板　　　　　　　装饰面板　　　烤漆玻璃

纯毛地毯

簇绒地毯　　　白色乳胶漆墙面　　　　　　红砖墙面　　　实木地板

大理石地面　　　　大理石墙面

装饰板材　　　　　烤漆玻璃

水墨花纹壁纸　　　　装饰板材

印花壁纸　　　　　烤漆玻璃

米色乳胶漆墙面　　　装饰画

大理石墙面

装饰石材 ——————————————— 装饰画 ——

PVC壁纸 ———————————— 暗纹壁纸 ——

波纹壁纸 ——

大理石墙砖 ———————————— 马赛克 ——

石膏板造型+烤漆玻璃 ——

软包　　　　　　装饰板材

石膏板造型　　　　　珠帘装饰

软包　　　　　　　米色乳胶漆

纹理壁纸　　　　　装饰画

墨镜造型　　　　装饰画　　　　纺织壁纸

条纹壁纸　　　　水银镜　　　　软包

强化复合地板　　　　米白色乳胶漆墙面

暗纹壁纸　　　　蓝色羊毛地毯

黄绿色乳胶漆　　　　装饰画　　　　仿古地砖

装饰板材 ——— 　　　 大理石墙砖

釉面砖铺贴

装饰板材

玻化地砖 　　　　　白色乳胶漆墙面 　　　　装饰板材

鹅黄色乳胶漆　　　　　　涤纶地毯

灰色乳胶漆　　　　　　　木吊顶

浅绿色乳胶漆　　　　　　装饰搁板

天然材料壁纸　　　　　　纯毛地毯

实木地板　　　　　　　　白色乳胶漆墙面

白色乳胶漆墙面　　　　装饰板材

白色乳胶漆墙面

强化复合地板

浅灰色乳胶漆墙面　　　釉面地砖

玻化地砖　　　纸面壁纸　　　　　　　纯毛地毯　　纹理壁纸

黑色簇绒地毯　　　　　　　　　　　　　　　照片墙

石膏板造型　　　　　米色乳胶漆墙面

石膏板造型+纸面壁纸　　　　装饰画

米白色乳胶漆墙面

条纹壁纸

玻化砖 ——— 象牙色乳胶漆

白色乳胶漆墙面 ——— 文化石

烤漆玻璃 ——— 深灰色乳胶漆

玻璃镜面 ——— 软包 ——— 纯毛地毯

装饰画 ——— 白色乳胶漆墙面

本套丛书由欧式风格、现代简约风格和中式风格的家居装修案例组成，并分别把欧式风格分为欧式新古典风格、简约欧式风格和欧式田园风格；现代简约风格分为现代风格和简约风格；中式风格分为中式古典风格、新中式风格和中式田园风格。实景客厅案例，配以实用的材料拉线标注，便于读者分辨同一种材料在不同风格客厅中所展现出的不同效果。

www.cip.com.cn

读科技图书 上化工社网

策划：理想宅
idealhome2012@gmail.com
showyculture@gmail.com
www.showyculture.com

销售分类建议：建筑/装饰装修　　特约编辑：张蕾

ISBN 978-7-122-19287-5

9 787122 192875

定价：49.00元